地球危机

World in Danger

[英] 弗朗基 · 莫兰 著
许美达 译

序言

在我五岁的时候，我读了一本关于濒危动物的书。我很难过，因为有很多的野生动物，也许当我长大以后，就不存在了。

我在学校里为我的小伙伴们创立了一个俱乐部，会费是一英镑，任何人都可以加入。我们在公园里忙前跑后，为大熊猫募集捐款。世界自然基金会对我们特别热情，还为我们提供了很多帮助。

做了五次活动之后，我想试试不一样的方式。所以我和我的爸爸一起写了《地球危机》这首歌。我热爱音乐，也参加了唱诗班，所以我特别享受写歌的过程。我希望这首歌可以改变这个世界。

弗朗基·莫兰

歌曲作者以及热爱动物者 8岁

我**希望**我们可以岁月静好

我不希望看到世界变**糟糕**

I **hope** we will be fine

I hate to see the world in **danger**

我想赶在一切**消失**之前，

去感受你的**神奇美妙**

I want to enjoy your **beauty**

before you're **gone**

让我们在今天的世界里尽情地欢笑
Let's all enjoy the world today

尽情地爬树，尽情地呼吸
Climb the trees and breathe the air

让我们一起感受这个世界
Let's all enjoy the world

因为明天，可能会很不一样
Because tomorrow could be a very different day

设想，一个人坐在月亮上

Imagine a man sitting on the Moon

俯视我们创造的

这个世界

Looking down at the world

that we created

他的眼中含着眼泪

With a tear in his eye

这个世界上有
九成的人们正
在呼吸着**被污**
染了的空气

他的视线被雾霾

遮挡

As the grey clouds cover

his view

让我们在今天的世界里尽情地欢笑
Let's all enjoy the world today
尽情地爬树，
Climb the trees
尽情地呼吸
and breathe the air
到2050年，海洋里的塑料垃圾很有可能比鱼类还要多

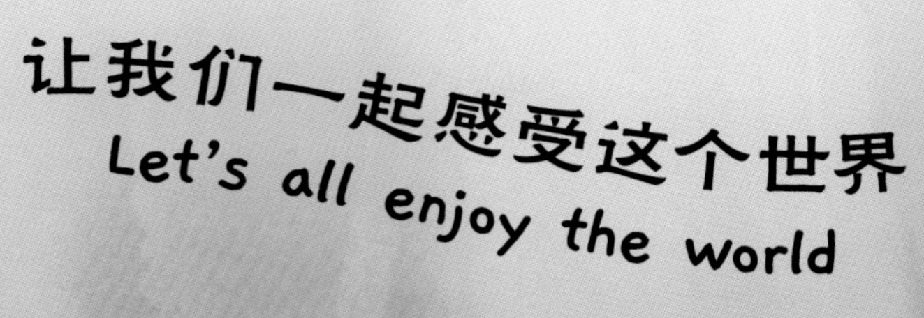

让我们一起感受这个世界
Let's all enjoy the world

因为明天，
Because tomorrow

可能会很不一样
could be a very different day

我喜欢在冬天

的时候去感受

雪花

I love to feel the

snow in the

winter

我也喜欢在春天
的时候去感受
阳光

And I love to feel the
sun in the
spring

我喜欢去踢那些在
I love to kick the leaves
秋天落下的树叶
that fall in autumn

每一年，都有
150多亿棵树
被砍倒

我也喜欢如我所唱的那样去感受世界
And I love to enjoy the world as I sing

让我们在今天的世界里

尽情地欢笑

Let's all enjoy

the world today

尽情地爬树，
尽情地呼吸
Climb the trees
and breathe the air

让我们一起感受这个世界

Let's all enjoy the world

由于全球气候正在**变暖**，北冰洋海冰的**融化速度**正在加快

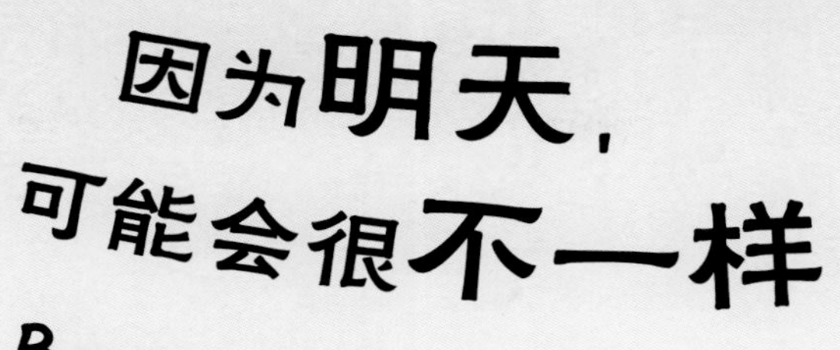

Because **tomorrow**
could be a very **different** day

让我们在今天的世界里尽情地欢笑

尽情地爬树，尽情地呼吸

Let's all enjoy the world today

Climb the trees and breathe the air

Let's all **enjoy** the **world**

Because tomorrow could be a

very different day

让我们一起**感受**这个世界

因为明天，可能会

很不一样

你知道塑料垃圾会
存在多久吗？
在垃圾填埋地，塑料需要
400年以上的时间才能
分解。

用旧T恤做个布袋

把不穿的旧T恤做成一个很方便的布袋，可以减少塑料袋的使用。

步骤 1

把一件旧T恤翻过来。然后，在成年人的帮助下，小心地剪掉袖子。

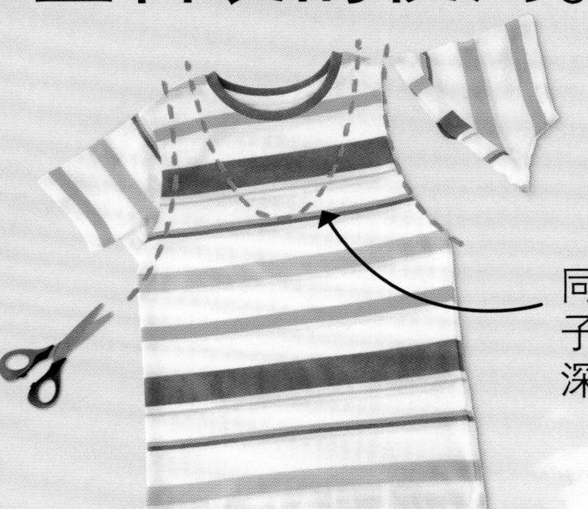

同时围绕领子剪出一个深曲线。

步骤 2

接下来，沿着T恤底部每隔2厘米剪一下，剪成小布条。

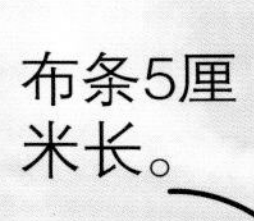

布条5厘米长。

步骤 3

把你刚刚剪好的布条，上下每一对打结系紧。

要把小布条系得紧紧的

步骤 4

把T恤翻回来，现在你有一个新包包啦！

蜜蜂是我最喜欢的动物之一！它们也是很重要的，因为它们会帮助水果和蔬菜成长。但不幸的是，蜜蜂正在英国逐渐消失。
景天花
雪花莲

建造一所蜜蜂酒店

将塑料瓶子废物利用，来给你的“嗡嗡”朋友们一个可以享受美妙时刻的蜜蜂酒店吧！

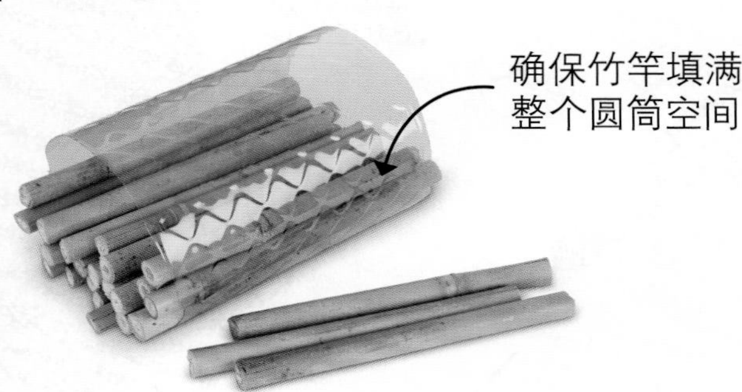

确保竹竿填满整个圆筒空间

步骤 1

在成年人的帮助下，小心地切割掉一个干净旧塑料瓶子的两端

步骤 2

在成年人的帮助下，将竹子切割成与塑料圆筒同等的长度，把竹子放进塑料圆筒内。

用绳子打结绑紧

步骤 3

在塑料圆筒两端各用绳子缠绕捆绑起来

步骤 4

将另一根绳子绑在两个结上，做一个把手。把这个蜜蜂酒店悬挂在离地1米高的户外，等待蜜蜂的大驾光临吧！

鸢尾花

矢车菊

番红花

薰衣草

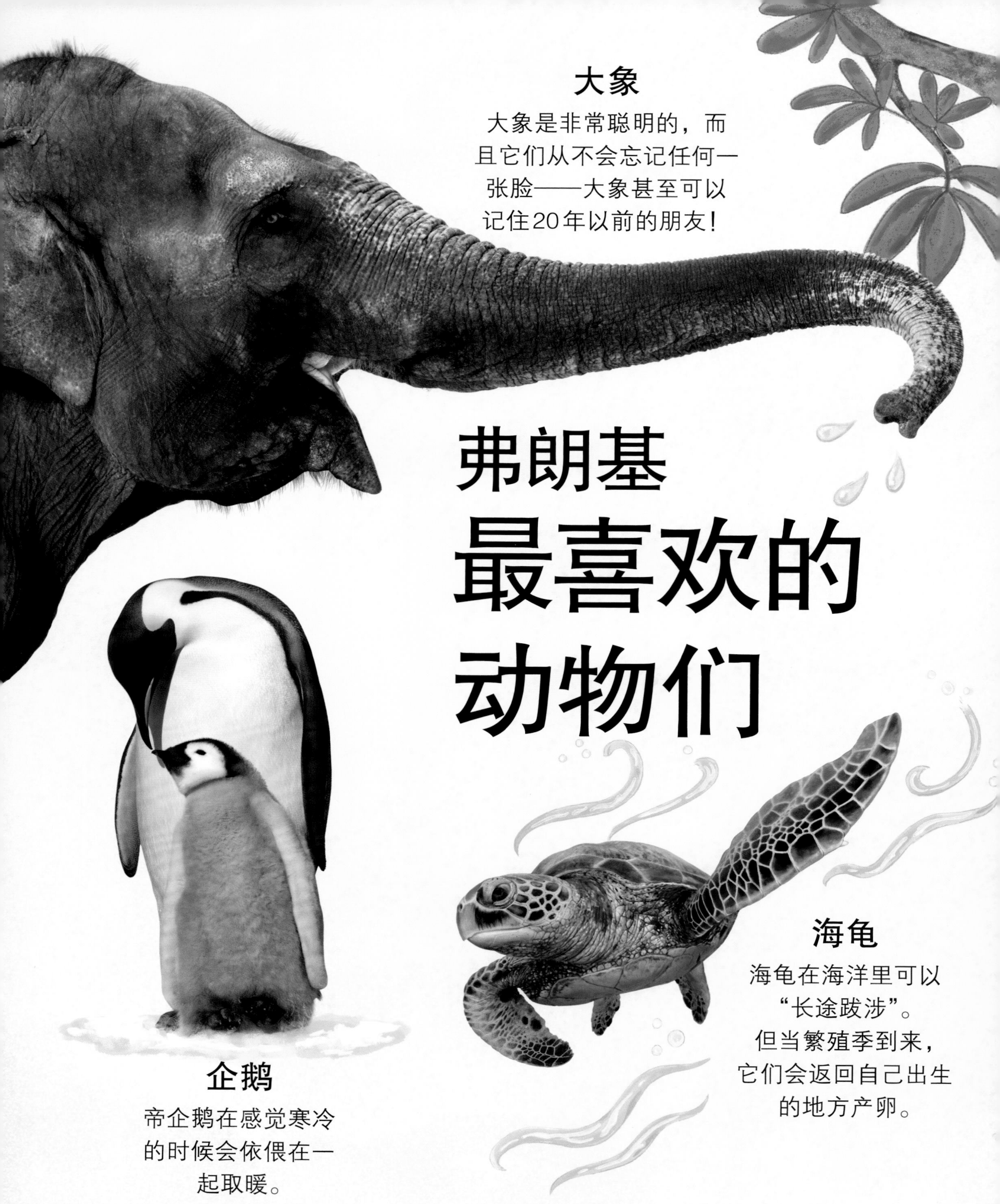

弗朗基最喜欢的动物们

大象

大象是非常聪明的，而且它们从不会忘记任何一张脸——大象甚至可以记住20年以前的朋友！

企鹅

帝企鹅在感觉寒冷的时候会依偎在一起取暖。

海龟

海龟在海洋里可以“长途跋涉”。但当繁殖季到来，它们会返回自己出生的地方产卵。

巨嘴鸟

在进食的时候，热带巨嘴鸟会用它们艳丽的大嘴把水果扔起来再接住。

这些是弗朗基一直以来特别喜欢的动物。令人难过的是，这里边大多数动物正在从野外消失。

小熊猫

小熊猫有一对令人惊奇的脚踝，可以扭转，使它们在树上可以尽情蹦蹦跳跳。

狮子

雌狮，也就是母狮，在捕猎的时候往往比雄狮奔跑的速度快！与雄狮不同的是，雌狮没有鬃毛。

快来试试吧！

参照和弦表与五线谱，试着在吉他或钢琴上弹唱出来吧！

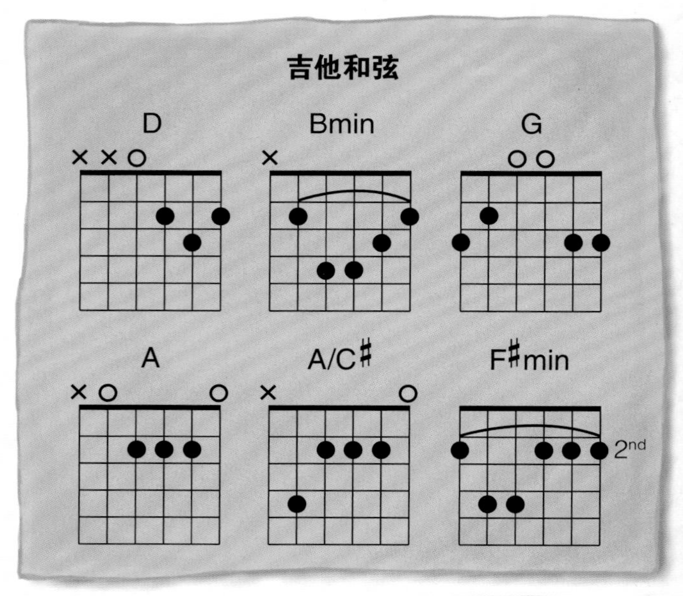

Verse 2
D
Bmin
D
ag ine a man sit ting on the Moon
Lo oking down at the world that we cre – a
Bmin
G
A
D
ted With a tear in his eye As the grey clouds cover his view
Chorus
A
Bmin
A/C♯
Bmin
Let's all en joy the world to day
Climb the trees and breathe the air
A
Bmin
G
A
Let's all en joy the world
Be cause to – morrow could be a ve ry diff erent day I
Bridge
F♯min
Bmin
G
3
A
love to feel the snow in the win ter
And I love to feel the sun in the spring I
F♯min
Bmin
G
A
love to kick the leaves that fall in au – tumn
And I love to en joy the world as I sing
Chorus with children's choir
A
Bmin
A/C♯
Bmin
Let's all en joy the world to day
Climb the trees and breathe the air
A
Bmin
G
A
D
Let's all en joy the world
Be cause to – morrow could be a ve ry diff erent day

弗朗基和查理

弗朗基从小就被音乐深深吸引，他经常唱歌，弹奏尤克里里，打鼓，还创作歌词。《地球危机》(*World in Danger*) 这首歌是这个小音乐家和他的音乐导师——爸爸查理一起创作的。

Original Title: World in Danger

北京市版权登记号：图字01-2022-1722

图书在版编目（CIP）数据

地球危机 /（英）弗朗基·莫兰；许美达译.
—北京：中国大百科全书出版社，2022. 4
ISBN 978-7-5202-1112-3

Ⅰ. ①地… Ⅱ. ①弗… ②许… Ⅲ. ①环境保护—儿童读物 Ⅳ. ①X-49

中国版本图书馆CIP数据核字（2022）第058839号

译　　者：许美达

策　　划：杨　振
责任编辑：石　玉
封面设计：殷金旭
装帧设计：纪晓萱

地球危机
中国大百科全书出版社出版发行
（北京阜成门北大街17号　邮编 100037）
http://www.ecph.com.cn
新华书店经销
北京华联印刷有限公司印制
开本：889毫米×1194毫米　1/16　印张：2
2022年4月第1版　2022年4月第1次印刷
ISBN 978-7-5202-1112-3
定价：42.20元

For the curious
www.dk.com